Bibliografische Information der Deutschen Nationalbibliothek:

Die Deutsche Bibliothek verzeichnet diese Publikation in der Deutschen National-
bibliografie; detaillierte bibliografische Daten sind im Internet über http://dnb.d-
nb.de/ abrufbar.

Impressum:

Copyright © 2016 GRIN Verlag, Open Publishing GmbH
Druck und Bindung: Books on Demand GmbH, Norderstedt Germany
ISBN: 9783668544864

Dieses Buch bei GRIN:

http://www.grin.com/de/e-book/375332/modifikation-der-auspraegung-von-morbus-
crohn-durch-aspekte-der-ernaehrung

Tamina Pfeiffer

Modifikation der Ausprägung von Morbus Crohn durch Aspekte der Ernährung

GRIN Verlag

Medical School Berlin

Hochschule für Gesundheit und Medizin

Modifikation der Ausprägung von Morbus Crohn durch Aspekte der Ernährung

M03 – Medizin III

eingereicht von: Tamina Pfeiffer
Kurs: CR WS 14

Studiengang Clinical Research

Berlin, 10.03.2016

Inhaltsverzeichnis

Abkürzungsverzeichnis

5-ASA	5-Aminosalicylate
CED	Chronisch entzündliche Darmerkrankung
CU	Colitis ulcerosa
FP	Faecalbakterium prausnitzii
GIT	Gastrointestinaltrakt
IEC	Intestinal epithelial cells
MC	Morbus Crohn
$NF_\kappa B$	Nuclear factor kappa-light-chain-enhancer of activated B-cells
NSAIDs	nonsteroidal anti-inflammatory drugs
PPAR-γ	Perosxisom-Proliferator-aktivierende Rezeptoren
PUFA	Poly-unsaturated-fatty-acids
SCFAs	Short-chain fatty acids

Abbildungsverzeichnis

1. Einleitung

Die zunehmende Adaption der weltweiten Ernährungsgewohnheiten an die westliche Kultur korreliert mit der steigenden Inzidenz chronisch-entzündlicher Darmerkrankungen (CED). Chronisch-entzündliche Darmerkrankungen umfassen ein Spektrum an gastrointestinalen Dysfunktionen, deren häufigste Phänotypen Morbus Crohn (MC) und Colitis ulcerosa (CU) darstellen (Ferguson, 2015). Im Folgenden wird Morbus Crohn detaillierter vorgestellt.

Im Anschluss widmet sich diese Arbeit den Fragen: Inwiefern wirken sich Ernährungsaspekte positiv auf die Ausprägung von Morbus Crohn aus? Kann Ernährung als potentieller Therapieansatz dienen?

2. Morbus Crohn

Morbus Crohn liegt ein chronisch-entzündlicher Prozess zugrunde, charakterisiert durch eine diskontinuierliche, transmurale Entzündung der Darmwandschichten mit potentieller Lokalisation im gesamten Gastrointestinaltrakt (GIT) (Peter, 2009, S. 3; Stange, 2004, S. 45). In Deutschland tritt Morbus Crohn mit einer Inzidenz von 6,6 pro 100.000 Einwohner auf (Preiß et al., 2014, S. 1431). In den letzten Jahrzehnten ist ein Anstieg in der Ausbreitung auf Industrie- und Schwellenländer zu verzeichnen – Gebiete, in denen Morbus Crohn traditionell nicht existent war (Chan et al., 2015; Buderus et al., 2015, S. 121). Das erste Auftreten manifestiert sich in der Regel in den ersten zwei Jahrzehnten des Lebens mit einem medianen Erkrankungsalter von 33 Jahren (Preiß et al., 2014, S. 1431). Die Erstmanifestation ist häufig in der Ileozökalregion (terminales Ileum) lokalisiert, einhergehend mit den Kardinalsymptomen Diarrhö und abdominalem Schmerz im Unterbauch (Kasper et al., 2015, S. 1953). Bei Morbus Crohn handelt es sich um eine rezidivierende Erkrankung, die ein Leben lang anhält und bis Heute nicht kurativ behandelt werden kann.

2.1 Ätiologie und Pathogenese

Zum jetzigen Zeitpunkt sind Ätiologie und Pathogenese von Morbus Crohn noch weitgehend ungeklärt. Aufgrund der weltweit steigenden Häufigkeit und des vermehrten Auftretens in pädiatrischen Bevölkerungsgruppen ist der Krankheitsursprung von klinischer Bedeutsamkeit. Die heterogene Ausprägung der Erkrankung lässt Rückschlüsse auf eine multifaktorielle Ursachenkombination zu (Sartor & Mazmanian, 2012). Neben einer familiär bedingten, polymorphen, genetischen Prädisposition werden mittlerweile auch zahlreiche Umwelteinflüsse als potentiell auslösende Faktoren von Morbus Crohn herangezogen. Während Rauchen, Antibiotika-Exposition und Störungen im Mukosa-assoziierten Immunsystem schon länger zu den möglichen Ursachen gezählt werden (Stange, 2004, S. 16; Spitzbart, 2015), wird nach neusten Erkenntnissen der Ernährung und dem dadurch beeinflussten, individuellen Mikrobiom eine große Rolle in der Pathogenese von Morbus Crohn zugeschrieben (Kasper et al., 2015, S. 1949). Der Ursprung der Erkrankung wird derzeit mit hoher Wahrscheinlichkeit auf eine individuelle genetische Prädisposition zurückgeführt, welche die Entwicklung einer Dysbiose des Darm-Mikrobioms fördert. Die daraus resultierende gesteigerte Darmwandpermeabilität lässt eine vermehrte epitheliale Aufnahme von nahrungsassoziierten Antigenen zu, was eine überschießende Immunreaktion begünstigen kann (Abb. 1) (Stange, 2004; Devkota & Chang, 2015). Da das Verhältnis von vorhandenen Bakterienstämmen im Darm bei Patienten mit Morbus Crohn strukturell verändert ist, liegt ein diätetischer Ansatz zur komplementären Therapierung nahe. Eine ernährungsinduzierte Manipulation des Mikrobioms, die in der Konsequenz zu einer Reduktion der Inflammation führen kann, gilt es zu eruieren (Olendzski et al., 2014).

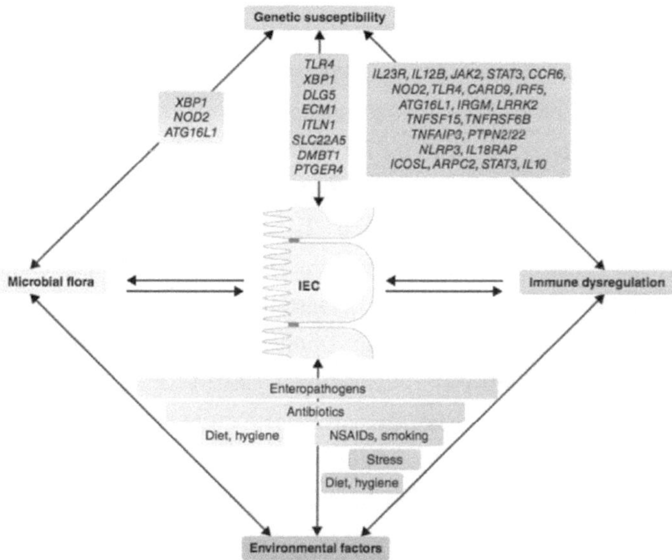

Abb. 1: Dysregulation der dreidimensionalen Beziehung zwischen Mikrobiom, epithelialer Barriere (IEC) und Mukosa-assoziiertem Immunsystem, beeinflusst durch genetische und umweltbedingte Prädisposition, führen im Zusammenspiel zur chronischen Entzündung (Kasper et al., 2015, S.1948).

2.2 Klinik und Symptomatik

Morbus Crohn ist eine chronische Erkrankung, die sich bei 50-60% der Betroffenen durch ein periodisches Auftreten von akuten Schüben und Phasen der Remission äußert – (rezidivierend) (Peter, 2009, S. 4). Eine Generalisierung der Symptomatik ist bei der Betrachtung von Morbus Crohn nicht möglich. Basierend auf der polymorphen genetischen Grundlage, gepaart mit individuellen Anhäufungen verschiedener Umwelteinflüsse, kann sich Morbus Crohn bei jedem Individuum unterschiedlich manifestieren. Zu bemerken ist der Zusammenhang zwischen dem am häufigsten vom entzündlichen Prozess befallenen terminalen Ileum und den auf epidemiologischen Studien basierenden Kardinalsymptomen und Initialsymptomen. Ein chronisch wiederkehrender Schmerz im rechten, unteren Quadranten des Abdomens, gepaart mit langanhaltenden Diarrhöen, stellt die Basis der häufigsten, stark die Lebensqualität restringierenden Symptome dar (Kasper et al., 2015). Auch Krämpfe, leichtes Fieber sowie Fatigue (allgemeines Schwächegefühl) werden in vielen Fällen bei der Erstmanifestation wahrgenommen (CCFA, 2015). Im Gegensatz zur oberflächlichen Entzündung bei Colitis ulcerosa begünstigt der transmurale entzündliche Befall der Darmwand, von der Mukosa bis zur Muscularis propria (Berdel et al., 2004, S. 1219), das Auftreten verschiedener Komplikationen bei Morbus Crohn: Fistelbildung, Stenosen, Granulome (Abb. 2) (Stallmach, 2005; Kasper et al., 2015). Neben augenscheinlich mit der Erkrankung in Verbindung zu bringenden Symptomen kann sich Morbus Crohn bereits zu Beginn des Krankheitsverlaufes extraintestinal in Form von Athralgien, Dermatosen und Konjunktivitis äußern (Stange, 2004; Spitzbart, 2015; Kasper et al., 2015). Unter Berücksichtigung sekundärer Konsequenzen wie Gewichtsverlust und Malabsorption ist die individuelle Belastung durch die Symptome stark abhängig vom Schweregrad der Darmentzündung und dem Befallsmuster (Lokalisation) im GIT (Hoffmann et al., 2009, S. 68).

Im weiteren Verlauf der Arbeit wird die Möglichkeit der Symptomlinderung durch Ernährungsbestandteile aufgezeigt. Dabei wird primär auf die Minderung der Leitsymptome Bezug genommen.

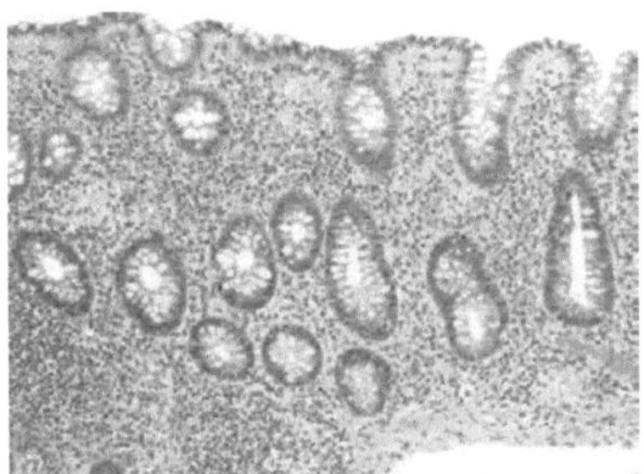

Abb. 2.: Transmurale Entzündung akuter und chronischer Ausprägung und Granulom-Bildung. (Kasper et al., 2015, S. 1952)

2.3 Diagnostik

Diagnostik und Therapie stehen in einem engen Zusammenhang in der Behandlung von Morbus Crohn. Während die Diagnostik in den letzten Jahrzehnten maßgeblich auf der Auswertung des klinischen Bildes (Anamnese), Endoskopien und bildgebenden Verfahren basierte, setzt die Medizin in den letzten Jahren vermehrt auf die Auswertung serologischer und fäkaler Marker (Stange, 2004; Peter, 2009). Calprotectin, welches zu einem hohen Prozentsatz in neutrophilen Granulozyten enthalten ist, kann als maßgeblicher Indikator für die Aktivität der Entzündung dienen (Kangowski, 2012). Dies ermöglicht eine frühzeitige Identifikation akuter Schübe und eine nicht-invasive Überwachung der Inflammation, ebenso wie eine Adaption verschiedener ernährungsbasierter Therapieoptionen an individuelle, pharmakokinetische Parameter (Stein, 2012).

2.4 Therapie

Die Ziele einer Behandlung von Morbus Crohn sind die Induktion der Remission, deren Verlängerung sowie die Reduktion der Entzündung bei gleichzeitiger Verminderung der Corticoid-Gabe und eine allgemeine Verbesserung der Lebensqualität und Langzeitprognose (Olendzski et al., 2014). Eine Heilung der Erkrankung ist derzeit weder durch medikamentöse noch durch chirurgische Interventionen zu erreichen. Der klinische Endpunkt wird aufgrund dessen als langanhaltende Remission definiert (Adler, 2013; Ferguson, 2015).

Grundsätzlich gilt es, zwischen der Therapie eines aktiven Schubes und der Therapie zur Remissionserhaltung zu unterscheiden. Der erste Therapieschritt basiert in der Regel auf der Gabe von anti-inflammatorischen Medikamenten aus der Gruppe der 5-Aminosalicylaten (5-ASA). Diese Therapie ist aufgrund ihrer hohen Anzahl an Nebenwirkungen bei steigender Dosis nur begrenzt effektiv (Ferguson, 2015; Kasper et al., 2015, S. 1959). Neben Corticosteroiden zur Suppression des Immunsystems werden vermehrt Biologika verwendet. Der Wirkmechanismus basiert auf der Inhibition des Tumor-Nekrose-Faktors Alpha (TNF-α) (Walters et al., 2014). Durch die Suppression der zum Immunsystem gehörigen Proteine können Patienten, die auf eine Biologikatherapie ansprechen, häufig eine gesteigerte Lebensqualität verzeichnen (Kasper et al., 2015). Dennoch ist zu bemerken, dass die Entzündungsreaktion ein wesentlicher Bestandteil der endogenen Infektionsabwehr ist und eine exogen herbeigeführte Langzeitunterdrückung zu weitreichenden sekundären Erkrankungen führen kann (Ferguson, 2015). Auch durch chirurgische Eingriffe kann bislang keine anhaltende Remission bei Morbus Crohn Patienten erzielt werden, weshalb sie nur im Falle von Komplikationen Anwendung finden (Rogler, 2012).

Die Übersicht über die angewandten Therapien verdeutlicht die Notwendigkeit eines Therapieansatzes, der mit minimalen Nebenwirkungen hohe Verbesserungsraten für die Lebensqualität der Patienten birgt. Diverse Studien konnten bereits einen positiven Effekt der Ernährung auf die Homöostase der symbiotischen Flora nachweisen (Thorburn et al., 2014; Olendzki et al., 2014). Daraus ergibt sich die Überlegung, dass eine Modulation der Diät bei MC-Patienten sowohl einen Einfluss auf akute Entzündungsschübe als auch Verbesserungen im symptomfreien Intervall verspricht (Müller, 2008).

Im Folgenden wird näher auf den Einfluss von Ernährung, intestinalen Bakterien und primären Metaboliten auf das darmassoziierte Immunsystem eingegangen. Modulationsoptionen in der Ernährung von Patienten, die zur Reduktion der Inflammation und deren Begleitsymptomen beitragen können, werden aufgezeigt.

3. Einführung Ernährung als komplementäre Therapie

Aufgrund der engen alltäglichen Verknüpfung der Symptomatik von Morbus Crohn mit den Ernährungsgewohnheiten der Patienten entsteht in vielen Fällen die Annahme, dass Ernährung sowohl als auslösender Faktor als auch als heilender Faktor der Krankheit zu verstehen ist. In der Praxis ist diese Annahme nicht zu bestätigen. Zwar sind gewisse Teilaspekte der Ernährung in der Lage, während des entzündlichen Prozesses im Darm zu intervenieren, dennoch konnte der Ernährung bis heute noch keine heilende Wirkung bei Morbus Crohn zugeschrieben werden. Trotz alledem sollte der Ernährung eine besondere Gewichtung in der Therapie von Morbus Crohn geschenkt werden. Eine angepasste Ernährung und ihre Wirkung auf die Symptome diagnostizieren eine bessere Heilung der chronischen Inflammation. (CCFA, 2015)

Bei der Betrachtung dieses Themenkomplexes ist zu beachten, dass Nährstoffe nicht bei allen Betroffenen gesundheitsfördernde Effekte entwickeln. Es besteht eine grundsätzliche Abhängigkeit von genetischen, epigenetischen und phänotypischen Charakteristika, die die Wirksamkeit der vorgestellten Modulationen individuell beeinflussen (Ferguson, 2015).

3.1 Mikrobiom als Ausgangspunkt ernährungsbasierter Therapie

Das Mikrobiom wird durch zweierlei Faktoren beeinflusst, die bei der Betrachtung einer unterstützenden Ernährungstherapie von Bedeutung sind.

Zum einen ist die genomische Grundlage des prädispositionierten Trägers der Erkrankung ein wichtiger zu berücksichtigender Aspekt. Eine Mehrzahl der über 160 identifizierten Gene steht in Verbindung mit der Interaktion zwischen Wirt und Mikrobiom (Ferguson, 2015). Dies ermöglicht erste Rückschlüsse auf ernährungsbedingte Anforderungen des erkrankten Individuums. Zum anderen weisen mehrere Studien darauf hin, dass ein Fehlen oder eine Schädigung der mit Morbus Crohn assoziierten Gene die Diversität der intestinalen Flora ausschlaggebend beeinflusst (Elinav et al., 2011). Der daraus resultierenden Dysbiose konnte die Forschungsgruppe um Schaubeck et al. eine kausale Bedeutung in der Entstehung einer chronischen Entzündung des terminalen Ileums nachweisen (Schaubeck et al., 2015).

Diese neuen Erkenntnisse können das Denkmuster in der diagnostischen Herangehensweise und Ernährungstherapie für Morbus Crohn wesentlich verändern. Unter Berücksichtigung zuvor genannter Aspekte kann die Ernährung zu einer präventiven Optimierung der Dysbiose genutzt werden und so das Auftreten von Symptomen und deren Zuspitzung frühzeitig limitieren.

Die drei großen Forschungsansätze zur Modifikation einer ergänzenden Ernährungstherapie werden im weiteren Verlauf näher erläutert.

3.2 Präbiotika / Ballaststoffe

Seit geraumer Zeit persistiert die Annahme, dass Ballaststoffe negative Effekte auf die Symptomatik von Morbus Crohn ausüben. Aus dieser Annahme heraus wird in vielen Fällen eine „Low-Residue-Diet" (Chan et al., 2015) als Therapieergänzung gewählt, um den GIT des Erkrankten zu entlasten. Diese Empfehlung ist jedoch nur in zeitlich begrenzten Intervallen, beispielsweise direkt nach einer Resektion, eine nutzbringende Maßnahme.

Bei heutigen Neuerkrankungen lässt sich durch die Betrachtung epidemiologischer Studien eine starke Korrelation zwischen Verwestlichung der Ernährungsgewohnheiten (Chan et al., 2015), einhergehend mit verminderter Ballaststoffaufnahme und der Manifestation erkennen (Thorburn et al., 2014). Betrachtet man den zugrunde liegenden Mechanismus, wird deutlich, dass die Aufnahme von Ballaststoffen schon vor Auftreten der eigentlichen Symptome einen gesundheitsfördernden Effekt auf familiär vorbelastete Patienten haben kann (Chiba et al., 2015). Ballaststoffe werden im GIT zu kurzkettigen Fettsäuren metabolisiert. Den wichtigsten Metaboliten stellt die Buttersäure dar: Sie übt einen direkten Einfluss auf die natürliche, mikrobielle Homöostase des menschlichen Darms aus. Buttersäure dient nicht nur als Hauptenergielieferant unserer Darmepithelien, sondern spielt zudem eine primäre Rolle in der Ausbildung zellulärer Verbindungen (Tight Junctions) des Darmepithels (Chiba et al., 2015;

Galecka et al., 2013). Durch die Unterstützung in der Aufrechterhaltung der co-lonzytischen Abwehrbarriere kann Buttersäure die Eindringrate pathogener Bakterien und nahrungsassoziierter Antigene aus dem Lumen in das Epithel verringern. Wichtigster Vertreter der Buttersäure produzierenden Bakterien ist das Faecalbacterium prausnitzii (FP), welches im gesunden Darm circa 5% der mikrobiellen Gesamtpopulation darstellt. (Flint et al, 2007). Eine Reduktion der Anzahl an Faecalbacterium prausnitzii ist simultan mit zunehmender Entzün-dungsaktivität und Darmwandpermeabilität zu beobachten (Institut für Mikroöko-logie, 2013).

Umgekehrt ist FP in der Lage, in ausreichender Konzentration die Symptomatik der Inflammation zu begrenzen und Beschwerden wie Krämpfe und Diarrhö zu lindern. Dieser Effekt beruht auf der nachgewiesenen Fähigkeit des primären Metaboliten Buttersäure, den Transkriptionsfaktor $NF_{\kappa}B$ zu unterdrücken und so die Menge ausgeschütteter Zytokine während der Immunantwort zu limitieren (Abb. 3) (Calder & Yaqoob, 2013; Thurburn, 2014).

Die Ernährung ist in der Lage, Anzahl und Konzentration des Faecalbacteriums prausnitzii zu beeinflussen. Nahrung, die reich an Inulin – beispielsweise Bana-nen – und resistenter Stärke ist, kann die Zellzahl bei Betroffenen anheben (Schwiertz, 2013). Da eine Ernährungsmodulation in Form von FP-Probiotika bisweilen aufgrund der Instabilität des Bakteriums bei Sauerstoffexposition nicht umsetzbar ist, wird dem Effekt einer Cross-Feeding-Strategie vermehrt klinische Beachtung geschenkt (Schwiertz, 2013). Hier steht der Zusammenhang zwi-schen Buttersäure und dem Einsatz von Laktobazillen, in Form von Probiotika, als förderlicher Nahrungsaspekt im Mittelpunkt der Evaluation.

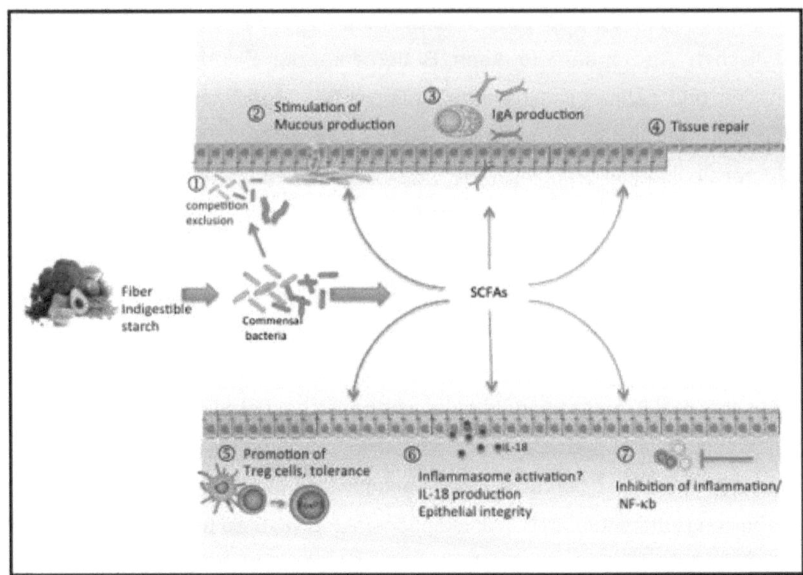

Abb 3.: Positive Effekte der primären Metaboliten (SCFAs) von Ballaststoffen auf die Homöostase des Darmmikrobioms und die sekundären Inflammationswege. (Thorburn et al., 2014)

3.3 Probiotika / Fermentierte Lebensmittel

Metabolic-Cross-Feeding beruht auf dem Nachweis, dass Laktobazillen, die vermehrt in fermentierten Milchprodukten gefunden werden, das Substrat Laktat bereitstellen, welches von Buttersäure produzierenden Bakterien verstoffwechselt wird. Die Applikation von Laktobazillen hat laut der Forschungsgruppe um Van Immersel et al. (2010) einen stimulierenden Effekt auf die Produktion von Buttersäure und birgt weniger Schwierigkeiten in der Verabreichung als die direkte Gabe von FP (Van Immersel et al., 2010). Trotz des erhöhten Risikos für Osteoporose haben Milchprodukte den allgemeinen Ruf, die Symptome von Morbus Crohn zu verschlimmern. Auch die Forschung ist sich uneinig über die Verzehrempfehlungen von Milchprodukten bei Morbus Crohn. Nolan-Clark et al. (2011) bestätigte mit seiner Studie jedoch, dass die Unverträglichkeiten bei MC-Patienten nicht primär auf Milchprodukte im Allgemeinen zurückzuführen sind, sondern eine sekundär erworbene Laktoseintoleranz durch die Entzündung der

Laktase-Produktionsstätten (Dünndarm-Villi) maßgeblich zur Maldigestion von Milch und Milchprodukten beiträgt. Darüber hinaus wurde aufgezeigt, dass neben dem Laktosegehalt vor allem der Fettgehalt der Milchprodukte die Kardinalsymptome - abdominalen Schmerz und Diarrhö - verstärkt (Abb. 4) (Nolan-Clark et al., 2011). Der therapeutische Einsatz von fermentierten Milchprodukten kann zweierlei Vorteile mit sich bringen. Das erhöhte Osteoporoserisiko bei Patienten mit Morbus Crohn kann verringert werden (Biesalski et al., 2010); gleichzeitig kann ein positiver Einfluss auf die Darmflora ausgeübt werden und so in Konsequenz über Verminderung der Inflammation zur deutlichen Besserung der Leitsymptome führen. Trotz alledem ist zu beachten, wie von Sartor & Mazmanien (2012) herausgestellt, dass verschiedene probiotische Kulturen unterschiedliche Effekte auf die intestinale Flora ausüben und jeder Wirt individuelle genetische Voraussetzungen für die Wirksamkeit bereitstellt. Bisher konnten noch keine langanhaltenden Erfolge erzielt werden. Erste Tiermodelle bestätigten jedoch bereits den Ansatz des Cross-Feedings aus Laktobazillen und Präbiotika, was eine positive Prognose für einen potentiellen Wiederaufbau der nutzbringenden Darmflora in humanen Patienten zulässt (Van Immerseel et al., 2010).

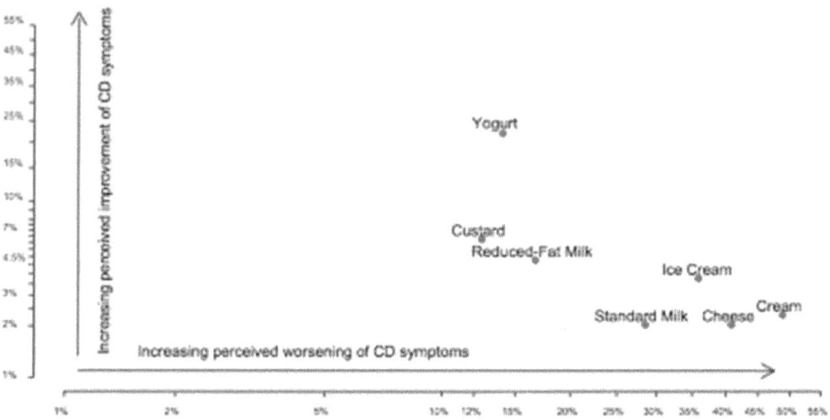

Abb 4.: Effekte von Milchprodukten auf die Symptome von MC bei Patienten mit Entzündungslokalisation in der Ileozökalregion. (Nolan-Clark et al., 2011)

3.4 Omega-3-Fettsäuren

Auch der ergänzende Einsatz von bestimmten Fettsäuren kann die Ernährungstherapie bei Morbus Crohn maßgeblich unterstützen. Biochemische Studien zeigen vermehrt, dass Patienten mit chronisch entzündlichen Darmkrankheiten einen Mangel an essentiellen Fettsäuren aufweisen. Über die natürliche Bindung mehrfach ungesättigter Fettsäuren (PUFA) an nukleare Rezeptoren, genauer Perosxisom-Proliferator-aktivierende Rezeptoren (PPAR-γ), kann in die Kontrolle von Entzündungsreaktionen eingegriffen werden (Ferguson, 2015). Zu den hier in Erwägung zu ziehenden Fettsäuren zählen hauptsächlich Omega-3-Fettsäuren. Diese gehören zur Gruppe der essentiellen Fettsäuren, die im menschlichen Körper nicht endogen synthetisiert werden können. Omega-3-Fettsäuren sind in einer großen Varietät in Lebensmittel enthalten. Zu den besten Lieferanten gehören Flaxseeds, Walnüsse und Tiefseefische mit hohem Fettgehalt, weshalb sie auch synonym als Fischöle bezeichnet werden (Bayless & Hanauer, 2011). Die klinische Datenlage zeigt bisher nur begrenzte Erfolge. Dennoch konnten in mehreren präklinischen Installationen bereits positive Effekte mit der Gabe konjugierter Linolsäure verzeichnet werden (Bassganya-Riera & Hontecillas, 2010; Ferguson, 2015). Besondere Beachtung in Bezug auf eine symptommildernde Diät sollte dem Verhältnis zwischen Omega-6 und Omega-3 mehrfach ungesättigten Fettsäuren geschenkt werden. Während Omega-3 einen favorablen Effekt auf die Symptome der Betroffenen haben kann, können Omega-6-Fettsäuren pro-inflammatorische Phänotypen verstärken (Ferguson, 2015; Fichera & Krane, 2015). Da eine hohe Aufnahme von Omega-3-Fettsäuren oder fetthaltigen Nahrungsmitteln bei Patienten mit Morbus Crohn aufgrund sekundärer Störungen der Gallensekretion und Maldigestion zu Steatorrhö führt und somit kritisch betrachtet werden sollte (Devkota & Chang, 2015), sind auch hier symbiotische Cross-Feeding-Strategien zu erwägen, um einen besseren Effekt zu erzielen. Die Forschungsgruppe um Bassaganya-Riera (2012) konnte in einem Mausmodel aufzeigen, dass verschiedene probiotische Bifidobakterien in der Lage sind, konjugierte Linolsäure zu synthetisieren (Omega-3), die zu einer Unterdrückung der inflammatorischen Symptome über die PPAR-γ Aktivierung führen (Bassaganya-Riera et al.,2012).

4. Einschätzung und potentieller Kombinationsansatz

Die Entstehung und Manifestation chronisch entzündlicher Darmkrankheiten hat in den letzten Jahren drastisch zugenommen. Ein bemerkenswerter Anstieg ist vor allem in Gebieten zu verzeichnen, in denen Erkrankungen des Formenkreises, zu dem auch Morbus Crohn zählt, bisher als atypisch galten. Da bisher keine therapeutische Option existiert, die eine langanhaltende Remission induziert, ist die Verbesserung der Lebensqualität der Betroffenen von hoher Bedeutung.

In den Fokus der Betrachtung rücken hier Ernährungsaspekte. Ernährung dient im Kontext einer Morbus-Crohn-Erkrankung nicht als primäre oder alleinige Therapie, kann jedoch mit nur geringsten Nebenwirkungen von den Patienten zur komplementären Verbesserung ihrer Lebensqualität genutzt werden. Auf der Grundlage diverser Tiermodelle und erster klinischer Untersuchungen können für die drei Forschungsansätze Präbiotika, Probiotika und Omega-3-Fettsäuren bereits erste nutzbringende Erkenntnisse deklariert werden. Interessant ist hierbei vor allem das potentielle Zusammenwirken der drei oben beschriebenen Komponenten.

Bezugnehmend auf das vorherrschende Nord-Süd-Gefälle, welches bei MC in den vorangegangen 10 Jahren zu verzeichnen ist (Fried et al., 2013), ist die Überlegung einer mediterranen Diät als protektiv für Morbus-Crohn-Patienten näher zu evaluieren. Diese Form der Diät, welche schon seit langem klinische Signifikanz bei kardio-vaskulären Störungen aufweist, hat aufgrund des hohen Verzehrs von Früchten, Gemüsen, Olivenöl und Fisch das Potential, das alltägliche Leben mit Morbus Crohn zu erleichtern. Durch vergleichende Betrachtung oben aufgeführter Erkenntnisse diverser Studien ist es denkbar, eine mediterrane Diätform zu entwickeln, die neben einem optimalen Verhältnis an Omega-3-Fettsäuren und Ballast-

stoffzufuhr durch probiotische Bakterien ergänzt wird. Dies unterstützt eine probiotische Manipulation des Mikrobioms in Richtung einer symbiotischen Flora. Gleichzeitig könnte durch die Metabolisierung ausgewählter Ballaststoffe und den Verzehr von Omega-3-Fettsäuren sowohl in anti-inflammatorische als auch immunregulierende Signalkaskaden des mukosa-assoziierten Darmimmunsystems eingegriffen werden.

Eine mediterran-inspirierte komplementäre Diät ist den bisher vorherrschenden Therapieoptionen insofern überlegen, als sie sowohl in akuten Schüben zur Symptomlinderung angewendet werden kann als auch präventiv und remissionsverlängernd in symptomfreien Intervallen.

Zusammenfassend ist festzustellen, dass sowohl die Symptomatik als auch die Ausprägung von Morbus Crohn durch gewisse Aspekte innerhalb der Ernährungsgewohnheiten beeinflusst werden kann. Es zeigt sich, dass vor allem die zugrundeliegenden entzündlichen Signalkaskaden als Ansatzpunkt für Metaboliten unserer Ernährung dienen können. Trotz alledem fehlen, zur Absicherung der prä-klinischen Daten, humane Studien, die die vielversprechenden Cross-Feeding-Möglichkeiten der einzelnen Nährstoffe näher untersuchen. Zwar können auch die erläuterten ernährungsassoziierten Mechanismen die Pathogenese von Morbus Crohn nicht abschließend kurativ behandeln; es ist allerdings festzuhalten, dass eine individuelle Ernährungsanpassung, die sowohl Genotyp als auch Phänotyp des Erkrankten berücksichtigt, das Potential beherbergt, die Symptomatik, sekundäre Konsequenzen, Häufigkeit von auftretenden Komplikationen und das allgemeine Wohlbefinden der Patienten positiv zu unterstützen.

5. Literaturverzeichnis

Adler, G. (2013). *Morbus Crohn – Colitis ulcerosa* (2., überarbeitete Aufl.). Berlin / Heidelberg: Springer Verlag.

Bassaganya-Riera, J. & Hontecillas, R. (2010). Dietary CLA and n-3 PUFA in inflammatory bowel disease. *Current Opinion in Clinical Nutrition and Metabolic Care,* 13 (5), 569-573.

Bassaganya-Riera, J., Viladomiu, M., Pedragosa, M., De Simone, C., Carbo, A., Shaykhutdinov, R., Jobin, C., Arthur, J.-C., Corl, B.-A., Vogel, H., Storr, M. & Hontecillas, R. (2012). Probiotic Bacteria Produce Conjugated Linoleic Acid Locally in the Gut That Targets Macrophage PPAR γ to Suppress Colitis. *PLoS One,* 7 (2).

Bayless, T.-M. & Hanauer, S.-B. (2011). *Advanced Therapy of Inflammatory Bowel Disease (2. Aufl.).* Shelton: People's Medical Publishing House-USA.

Berdel, W.-E., Böhm, M., Classen, M., Diehl, V., Kochsiek, K. & Schmiegel, W. (2004). *Innere Medizin* (5., überarbeitete Aufl.). München/Jena: Urban & Fischer Verlag.

Biesalski, H.-K., Bischoff, S.-C. & Puchstein, C. (2010). *Ernährungsmedizin* (4., überarbeitete Aufl.). Stuttgart: Georg Thieme Verlag KG.

Buderus, S., Scholz, D., Behrens, R., Classen, R., De Laffolie, J., Keller, K.-M., Zimmer, K.-P. & Koletzko, S. (2015). Chronisch-entzündliche Darmerkrankungen bei pädiatrischen Patienten. *Deutsches Ärzteblatt,* 112 (8), 121- 127.

Calder, P.-C. & Yaqoob, P. (2013). *Diet, immunity and inflammation.* Cambridge: Woodhead Publishing Limited.

Chan, D., Kumar, D. & Mendall, M. (2015). What is known about the mechanisms of dietary influences in Crohn's disease? *Nutrition,* 31, 1195-1203.

Chiba, M., Tsuhji, T., Nakane, K. & Komatsu, M. (2015). High Amount of Dietary Fiber Not Harmful But Favorable for Crohn Disease. *The Permanente Journal,* 19 (1), 58-61.

Crohn's & Colitis Foundation of America (CCFA). (2015). What is Chron's Disease? Zugriff am 02.11.15 http://www.ccfa.org/what-are-crohns-and-colitis/what-is-crohns-disease/

Devkota, S. & Chang, E.-B. (2015). Interactions between Diet, Bile Acid Metabolism, Gut Microbiota, and Inflammatory Bowel Disease. *Digestive Diseases,*33, 351-356.

Elinav, E., Strowig, T., Kau, A.-L., Henao-Mejia, J., Thaiss, C.-A., Booth, C.-J., Peaper, D.-R., Bertin, J., Eisenbarth, S.-C., Gordon, J.-I. & Flavell, A. (2011). NLRP6 inflammasome is a regulator of colonic microbial ecology and risk for colitis. *Cell,* 145 (5), 745–757.

Ferguson, L.-R. (2015). Nutritional modulation of gene expression: might this be of benefit to individuals with Crohn's disease? *Frontiers in Immunology,* 6 (467), 1-11.

Fichera, A. & Krane, M.-K. (2015). *Chron's Disease.* Cham: Springer International Publishing AG.

Fried, M., Manns, M.-P. & Rogler, G. (2013). *Magen-Darm-Trakt.* Berlin / Heidelberg: Springer-Verlag.

Galecka, M., Szachta, P., Bartnicka, A., Lykowska-Szuber, L., Eder, P. & Schwiertz, A. (2013). Faecalbacterium prausnitzii and Crohn's Disease – is There any Connection? *Polish Journal of Microbiology,* 62 (1), 91-95.

Hoffmann, J.-C., Kroesen, A.-J. & Klump, B. (2009). *Chronisch entzündliche Darmerkrankungen* (2., überarbeitete Aufl.). Stuttgart: Thieme Verlag KG.

Institut für Mikroökologie. (2013). Schleimhauternährende Bakterien bei Morbus Crohn vermindert. Zugriff am 12.10.15 http://www.mikrooek.de/presse/pressemitteilungen/schleimhauternaehre nde-bakterien-bei-morbus-crohn-vermindert/

Kangowski, A. (2012). *Aussagekraft von fäkalem Calprotectin zur Beurteilung der Krankheitsaktivität bei Colitis ulcerosa und Morbus Crohn im Vergleich von zwei kommerziellen Testsystemen.* Rostock: Universität Rostock medizinische Fakultät.

Kasper, D.-L., Hauser, S.-L., Jameson, J.-L., Fauci, A.-S., Longo, D.-L. & Loscalzo, J. (2015). *Harrison's principles of internal medicine* (19. Aufl.). Columbus: Mc Graw-Hill Education.

Müller, S.-D. (2008). Die Rolle der Ernährung bei Morbus Crohn und Colitis ulcerosa. *Die Naturheilkunde*, 2008 (2).

Nolan-Clark, D., Tapsell, L.-C., Hu, R., Han, D.-Y. & Ferguson, L.-R. (2011). Effects of Dairy Products on Crohn's Disease Symptoms Are Influenced by Fat Content and Disease Location but not Lactose Content or Disease Acti-vity Status in New Zealand Population. *Journal of the American Dietetic Association,* 111 (8), 1165-1172.

Olendzski, B.-C., Silverstein, T.-D., Persuitte, G.-M., Ma, Y., Baldwin, K. & Cave, D. (2014). An anti-inflammatory diet as treatment for inflammatory bowel disease: a case series report. *Nutrition Journal,* 13 (5).

Rogler, G. (2012). Aktuelle Therapieoptionen bei crohnisch-entzündlichen Darmerkrankungen (2. Aufl.). Bremen: UNI-MED.

Peter, A.-V. (2009). *MRT Diagnostik bei Morbus Crohn* (2009-08-06).

Marburg: Phillips-Universität, Fachbereich Medizin.

Preiß, J.-C., Bokemeyer, B., Buhr, H.-J., Digmaß, A., Häuser, W., Hartmann, F., Herrlinger, K.-R., Kaltz, B., Kienle, P., Kruis, W., Kucharzik, T., Langhorst, J., Schreiber, S., Siegmund, B., Stallmach, A., Stange, E.-F., Stein, J. & Hoffmann, J.-C. (2014). Aktualisierte S3-Leitlinie – „Diagnostik und Therapie des Morbus Crohn". *Zeitschrift für Gastroenterologie, 52*, 1431-1484.

Sartor, R.-B. & Mazmanian, S.-K. (2012). Intestinal Microbes in Inflammatory Bowel Diseases. *The American Journal of Gastroenterology Supplements, 1*, 15-21.

Schaubeck, M., Clavel, T., Calasan, J., Lagkouvardos, I., Haange, S.-B., Jehmlich, N., Basic, M., Dupont, A., Hornef, M., Bergen, M., Bleich, A. & Haller, D. (2015). Dysbiotic gut microbiota causes transmissible Crohn's disease-like ileitis independent of failure in antimicrobial defence. *Gut, 0*, 1-13.

Schwiertz, A. (2013). Morbus Crohn: Die Rolle der Darmbakterien. *UGB-Forum spezial Ernährungstherapie*, 40-42. Zugriff am 12.10.15 https://www.ugb.de/ernaehrungsberatung/morbus-crohn-rolle-darmbakterien

Stallmach, A. (2005). *Immunsuppressive Therapie bei chronisch entzündlichen Darmerkrankungen.* Bremen: UNI-MED Verlag AG.

Stange, F. (2004). *Colitis ulcerosa – Morbus Crohn* (2. Aufl.). Bremen: UNI-MED Verlag AG.

Stein, J. (2012). *Diagnostik und Therapiekontrolle bei chronisch-entzündlichen Darmerkrankungen* (1. Aufl.). Bremen: UNI-MED.

Spitzbart, M. (2015). Spezialreport „Darmgesundheit". *Dr. Spitzbarts Gesundheitspraxis*, 11, 8-10.

Thorburn, A.-N., Macia, L. & Mackay, C.-R. (2014). Diet, Metabolites, and "Western-Lifestyle" Inflammatory Diseases. *Immunity*, 40 (6), 833-842.

Van Immerseel, F., Ducatelle, R., De Vos, M., Boon, N., Van De Wiele, T., Verbeke, K., Rutgeerts, P., Sas, B., Louis, P. & Flint, H.-J. (2010). Butyric acid-producing anaerobic bacteria as a novel probiotic treatment approach for inflammatory bowel disease. *Journal of Medical Microbiology*, 59, 141-143.

Walters, T.-D., Kim, M.-O., Denson, L.-A., Griffiths, A.-M., Dubinsky, M., Markowitz, J., Baldassano, R., Crandall, W., Rosh, J., Pfefferkorn, M., Otley, A., Heyman, M.-B., LeLeiko, N., Baker, S., Guthery, S.-L., Evans, J., Ziring, D., Kellermayer, R., Stephens, M., Mack, D., Olive-Hemker, M., Patel, A.-S., Kirschner, B., Moulton, D., Cohen, S., Kim, S., Liu, C., Essers, J., Kugathasan, S. & Hyams, J.-S. (2014). Increased Effectiveness of Early Therapy With Anti–Tumor Necrosis Factor-α vs an Immunomodulator in Children With Crohn's Disease. *Gastroenterology*, 146 (2), 383-91.